U0381268

时尚又可爱的甜点和面包

疗愈系立方甜品

［日］ 信太康代 著

涂瑾瑜 译

Cube Sweets

青岛出版社
QINGDAO PUBLISHING HOUSE

前　言

当我第一次看到各种甜品时，我就想，要是自己能装饰甜品，那该多好啊！之后，我每天都在不断地尝试，想要把甜品做得像甜品店里的一样好看。在不知不觉中，制作甜品成了我每天生活的一部分。

在我刚开始接触烘焙的时候，甜品大多是圆形的。随着时代的发展，甜品的形状在不断发生变化，最近很多店里都摆出了立方形的甜品。它们看起来胖乎乎的，造型非常时尚，给人带来视觉上的冲击，让我重新感受到了最初想要做甜品时的激动心情。我重拾初心，不断尝试，每天调整倒入方形模具里的蛋糕糊的量，拿捏烤制的时间。在一个又一个甜品的制作过程中，有许多食谱悄然诞生。

这本书不仅介绍了立方形泡芙、戚风蛋糕、长崎蛋糕、面包等简单易做的甜品，还有一些不用立方体模具也能做成的甜品，以及可以一口吃掉的小甜品。

立方体甜品不但外表可爱，而且便于放入行李箱里，适合当作伴手礼，还可以作为小型聚会的生日蛋糕。你可以在派对上一展身手，一次做很多个，这些小甜品能让平常的下午茶时光变得更加精致。不管是香气四溢的烤制点心，还是冰激凌、果冻等清凉甜品，只要你掌握了其中的窍门，就可以把它们做成可爱的立方体形状。如果再搭配上巧克力、坚果、水果等，更能增添无限美味。

可爱的方形模具有着令人难以抗拒的魅力，让人忍不住想做更多的立方甜品。你也来试着做一做这些让人幸福感倍增的可爱的立方甜品吧！

信太康代

目录
contents

Part.1 使用立方体模具制作西式甜品

Part.2 不用立方体模具也能制作的西式甜品

Part.3 立方小点心

Part.4 立方面包

专栏

本书的使用规则

- 一大勺指的是 15mL，一小勺指的是 5mL。
- 鸡蛋一般使用的是大号鸡蛋（55g）。
- 使用的泡打粉不含铝。
- 微波炉的加热时间以 600 瓦的为准，500 瓦的微波炉的加热时间是 600 瓦的 1.2 倍。请根据您的微波炉情况进行调整。
- 使用的烤箱为电烤箱。

主要原料

全麦面粉

指的是包含小麦的麸皮、胚芽、胚乳的未精加工的面粉。营养价值高，具有独特的风味和口感。

杏仁粉

指的是磨成粉末状的杏仁。烘焙中使用杏仁粉会让点心的口感变得湿润松脆。

可可粉

指的是从可可液块中脱去可可脂后粉碎成的粉末。可用于制作各种蛋糕。

抹茶

清新的绿色配上茶叶特有的香气，不论是制作西式甜品如蛋糕、冰激凌，还是日式点心，都可以使用。

蔗糖

以甘蔗为原料制作而成，味道朴素，甜味温和，富含钙和钾等元素。

糖粉

把细砂糖粉碎而成，粉质更为细腻。用于装饰点心或制作糖衣。

粗砂糖

颗粒大，无色透明。颗粒状的口感使味道变得更加高级。用于制作长崎蛋糕等。

麦芽糖

用酸或淀粉酶将淀粉糖化而成的甜味剂。无色透明，甜味轻盈，有较好的黏性，能保留水分。

吉利丁粉

用动物的骨头或皮的胶质精制而成的一种凝固剂。用于制作果冻、慕斯、巴伐露斯（果冻蛋糕）等。

干酵母

由生酵母干燥而成的发酵剂。用于使面包的面团膨胀。

泡打粉

使点心膨胀的必备原料。尽量使用无铝的泡打粉。

甜巧克力

由可可液块、可可脂和糖制成，能最为直接地感受到可可豆的味道。

白巧克力

由可可脂、糖和乳制品制成。光泽美丽，颜色洁白，入口即化。

朗姆酒

以甘蔗为原料制作的蒸馏酒，和板栗、葡萄干是绝配。用于给各种点心增添香味。

薄荷利口酒

使用优质薄荷制作而成。味道清爽，颜色美丽。用于制作巧克力、果冻等。

主要工具

量勺

用于称量粉类原料。一般使用一个大勺（15mL）、一个小勺（5mL）即可。称量时需要将粉类沿勺口边缘抹平。

量杯

用于称量液体。推荐使用透明的量杯，便于查看刻度。耐热玻璃制的量杯还可以直接放入微波炉加热，非常方便。

厨房电子秤

电子秤以1g为单位，最多可以称量1kg，使用起来非常方便。推荐使用可以自动减去包装重量的电子秤。

戚风刀

把戚风从模具中取出的专用抹刀。刀片很薄，非常适合形状弯曲的模具。

橡皮刮刀

用于混合原料或蛋糕糊，将其倒入模具，刮下粘在碗内壁的蛋糕糊。推荐使用耐热的橡皮刮刀。

手动搅拌器

用于打发鲜奶油、蛋白等，也可用于混合原料。推荐使用金属细丝部分带圆润的类型。

电动搅拌器

电动的搅拌器比手动搅拌器效率更高。可用于制作鲜奶油和蛋白糊。

擀面杖

用手将面团擀匀。有木制的和塑料制的。

料理碗

混合和搅拌原料时必要的工具。有不锈钢制的和塑料制的。建议不同大小的碗各备几个。

刷子

用于在点心和面包表面涂抹蛋液或糖浆，也可用于扫除多余的干粉。

刮板

用于搅拌、切分蛋糕糊，也可用于抹平蛋糕糊表面。

裱花袋和裱花嘴

用于挤蛋糕糊或奶油，需装上裱花嘴后再挤出。推荐使用经过防水处理的布制裱花袋。

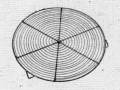

蛋糕晾架

用于晾凉刚烤好的点心、面包，也可用来晾干蛋糕表面的巧克力涂层。

过滤器（滤网）

用于过筛面粉，过滤果酱、面糊和蛋液。

食品加工机

电动式加工机器，可以简单快速地把食物切碎、磨碎、擦成细丝、搅拌均匀。

制作立方甜品时，需要使用到立方体模具、方形模具、磅蛋糕模具等各类模具。本书中也收录了不需要模具也可以制作的甜品。您可根据您想制作的甜品购买相关模具。

立方体戚风蛋糕模具

采用导热效果优良的镀铝钢板材料制作而成。可以用来烤制一人份的迷你戚风蛋糕，将底板和盖子分开使用的话，可以用作一般的立方体模具。镀铝钢板材料模具第一次使用时需要清洗并擦干，放入170~180C° 的烤箱内烘烤40分钟之后再使用，并且不需要在模具内涂抹任何东西。在本书中，制作香草戚风蛋糕（p.14）时使用了该款模具。

超小立方体吐司模具

采用导热效果优良的镀铝钢板材料制作而成。边长为5cm，比迷你立方体还要迷你。初次使用镀铝钢板材料的模具时，需要单独烘烤（同上）。这款迷你立方体模具中，有的在镀铝钢板材料上涂装了有色硅，采用了镀铝钢板超级硅的加工工艺（如图），不需提前单独烘烤，脱膜简单，使用方便。在本书中，制作奶油泡芙（p.10）、费南雪（p.20）、红豆面包（p.72）等甜品时使用了这款模具。

方形模具（活底）

采用氟树脂涂膜制成。模具底部可以拿下来，因此可以顺利地取出烤制完成的蛋糕。此模具用途广泛，既可用于制作点心，又可用于烤制面包。有边长为15cm、18cm等不同尺寸。在本书中，使用15cm模具制作的有白兰地蛋糕（p.35）、法式棉花糖（p.52）、黄油酥饼（p.62）等甜品。使用18cm模具的有苹果车轮蛋糕（p.38）、树莓蛋糕（p.47）等甜品。

迷你立方体吐司模具

采用导热效果优良的镀铝钢板材料制作而成。边长为7.5cm的迷你立方体模具，可以烤制出形状可爱、方便食用的小点心。初次使用镀铝钢板材料的模具时，需要进行单独烘烤。这款迷你立方体模具中，有的在镀铝钢板材料上涂装了有色硅，采用镀铝钢板超级硅的加工工艺（如图）。不需提前单独烘烤，脱膜简单，使用方便。在本书中，制作大理石蛋糕（p.23）、香蕉蛋糕（p.24）、抹茶果子面包（p.77）等甜点时使用了该款模具。

60 木纹立方体纸杯

采用耐油耐热的材料制成。边长为6cm，设计可爱，烤制完成后可以直接当作礼物送出。在本书中，制作巧克力戚风蛋糕（p.16）、香橙戚风蛋糕（p.17）等甜点时用了该款模具。

磅蛋糕模具（活底）

采用氟树脂涂膜制成。模具底部可以拿下来，因此可以顺利地取出烤制完成的蛋糕。在本书中，制作罂粟籽蛋糕（p.34）、果子磅蛋糕（p.46）等甜点时使用了该款模具。

固体模具

采用不锈钢材料制成，有多种尺寸，从长方形到正方形一应俱全。底部可以取出，因此脱膜很方便。用途广泛，既可用于制作日式点心，又可以用来烤制西式甜点、水果甜品，甚至其他菜品。

Part.1

使用立方体模具制作西式甜品

立方体的奶油泡芙和蛋糕外表新颖，令人印象深刻，味道更让人惊喜。在家中，可以用金属材制或纸质的立方体模具制作，做好的立方形的甜品可以紧凑地塞入盒子中，不浪费一丝空间，并且携带方便。令人眼前一亮的立方体甜品时尚、可爱、疗愈，符合时代潮流，请一定要试一试。

Cube Sweets

**plain
cream puff**

模具：边长5cm的立方体模具

成品数量：8个

卡仕达酱的制作方法

原料	制作方法

原料

牛奶……250mL

香草籽……1/4 根

蛋黄……3 个

细砂糖……45g

低筋面粉……20g

无盐黄油……10g

制作方法

1. 把香草籽和牛奶倒入锅中，加热直至快要沸腾。

2. 把蛋黄放入碗中，用手动搅拌器打散，加入细砂糖和低筋面粉搅拌均匀。

3. 把步骤 1 少量多次地倒入步骤 2 中混合均匀，用滤网过滤后倒回锅中，大火加热。

4. 用橡皮刮刀不断搅拌锅底，让锅内液体均匀受热。煮至沸腾、液体变得顺滑后关火，加入黄油搅拌均匀。

5. 倒入烤盘中，用保鲜膜密封，放入冷冻库中快速冷冻 20 分钟，待余热散去后，放入冷藏室冷藏备用。

包裹着浓厚的卡仕达酱

奶油泡芙

（原味）

原料

泡芙面糊

无盐黄油……35g

水……80mL

盐……少量

低筋面粉……45g

鸡蛋……55~110g

卡仕达酱（参照左页）

鲜奶油……100mL

糖粉……适量

事前准备

● 从豆荚中取出香草籽。

● 在模具和盖子上涂一层薄薄的黄油（另备）。

● 将烤箱预热至200℃。

制作方法

1. 参照左页制作卡仕达酱。

2. 制作面糊。在锅中倒入黄油、水和盐，加热熔化黄油至沸腾，一次性加入低筋面粉，关火。

3. 用木制刮刀快速混合一个面团。（a）

4. 中火加热面团，揉拌1~2分钟至面团整体变热，锅底起了一层薄膜后关火。（b）

5. 把面团移至碗中，加入一半打散的鸡蛋液，用木制刮刀切拌。（c）

6. 切拌过程中适时加入剩下的鸡蛋液并搅拌均匀。当用木制刮刀勺起面糊，3秒后面糊落下，刮刀上留下的面糊呈倒三角状时，停止添加蛋液。（d）

7. 把面糊倒入装有圆形裱花嘴（1cm）的裱花袋中，往每个模具内挤入22g面糊，盖上盖子。（e）

8. 烤制。在200℃的烤箱内烤制30分钟。烤制完成后脱膜，置于晾网上冷却。

9. 在碗中倒入鲜奶油，打发至拿起搅拌器后奶油呈尖角状，加入冷却好的卡仕达酱，搅拌均匀。

10. 收尾工作。把步骤9打发好的奶油装入带有注奶油专用裱花嘴的裱花袋内。把裱花嘴插入泡芙的底部，挤入奶油，撒上糖粉即可。（f）

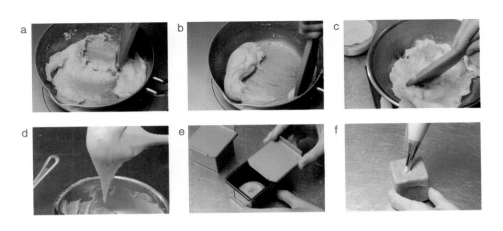

Cube Sweets

raspberry cream puff

模具：边长5cm的立方体模具
成品数量：8个

外观时尚的馈赠佳品

奶油泡芙

（覆盆子奶油口味）

原料

泡芙面糊（参照 p.11）……用量相同

覆盆子奶油

卡仕达酱
- 牛奶……220mL
- 香草籽……1/4 根
- 蛋黄……3 个
- 细砂糖……45g
- 低筋面粉……25g
- 无盐黄油……10g
- 覆盆子果酱……40g
- 鲜奶油……60mL

装饰用巧克力
装饰涂层用巧克力（白巧克力）……适量
巧克力用转印纸……适量

制作方法

1. 参照 p.11 制作泡芙。
2. 制作覆盆子奶油。参照 p.10 制作卡仕达酱。关火后立刻加入覆盆子果酱搅拌，倒入烤盘中快速冷却。冷却后加入打发至提起搅拌器奶油呈尖角状的鲜奶油，搅拌均匀。
3. 制作装饰用巧克力。把装饰涂层用巧克力隔水加热化开。在白纸上画出 5cm×5cm 的方格，把转印纸粗糙的一面朝上铺在白纸上，用透明胶带固定。
4. 把步骤3的巧克力倒在转印纸上，用抹刀快速抹平，使之厚度均一。（a）
5. 半凝固后用比萨刀等工具沿方格线留下分界线，之后静置等待巧克力完全凝固。（b）

* 分离巧克力和转印纸时，撕下转印纸的胶片能使巧克力保持完美的形状。

6. 装饰。和制作原味泡芙一样，把奶油挤入泡芙内，口朝上。从转印纸上取下巧克力，用奶油把巧克力粘在挤入奶油的洞口上。

a

b

模具：边长5cm的立方体模具
成品数量：8个

Cube Sweets
chocolate
cream puff

巧克力奶油口感醇厚

奶油泡芙

（巧克力奶油口味）

原料

泡芙面糊（参照 p.11）……用量相同

巧克力奶油

卡仕达酱
- 牛奶……250mL
- 香草籽……1/4 根
- 蛋黄……3 个
- 细砂糖……45g
- 低筋面粉……25g
- 无盐黄油……10g
- 甜味巧克力……70g
- 鲜奶油……80mL

装饰用巧克力

装饰涂层用巧克力（甜味巧克力）……适量
巧克力用转印纸……适量

制作方法

1. 参照 p.11 制作泡芙。
2. 制作巧克力奶油。参照 p.10 制作卡仕达酱。关火后立刻加入切碎的巧克力搅拌均匀，倒入烤盘中快速冷却。冷却后加入打发至提起搅拌器奶油呈尖角状的鲜奶油，搅拌均匀。
3. 制作装饰用巧克力。把装饰涂层用巧克力隔水加热化开。
4. 在白纸上画出 5cm×5cm 的方格，把转印纸粗糙的一面朝上铺在白纸上，用透明胶带固定。
5. 把步骤 3 的巧克力倒在转印纸上，用抹刀快速抹平，使之厚度均一。
6. 半凝固后用比萨刀等工具沿方格线留下分界线，之后静置等待巧克力完全凝固。（左页图 b）

   ＊分离巧克力和转印纸时，撕下转印纸的胶片能使巧克力保持完美的形状。

7. 装饰。和制作原味泡芙一样，把奶油挤入泡芙内，挤入口朝上放置。从转印纸上取下巧克力，用奶油把巧克力粘在挤入奶油的洞口上。

13

Cube Sweets

**vanilla
chiffon cake**

模具：边长10cm的立方体
戚风蛋糕模具

成品数量：2个

脱模方法

① 将小型抹刀或薄的削皮小刀插入蛋糕外围，上下划动，使蛋糕脱离模具。（a）

　※ 划动时把小刀紧贴模具，用刀刮模具而不是挖蛋糕。

② 脱离中间的圆筒部分时，插入竹签，上下划动，慢慢脱膜。（b）

③ 将模具倒置，把小刀从立方形模具和圆筒部分之间的缝隙中插入，转动小刀划一圈。（c）

④ 慢慢地移出模具，注意不要碰坏蛋糕。在模具底部和蛋糕之间插入小刀，使蛋糕和模具分离，慢慢地将圆筒部分抽出。（d）

外形时尚，口感绵润，轻盈

戚风蛋糕

（香草口味）

原料

戚风蛋糕

蛋黄……2 个

绵白糖……30g

色拉油……60mL

香草籽……适量

┌ 低筋面粉……50g

│ 高筋面粉……20g

A 杏仁粉……20g

└ 泡打粉……1/2 小勺

蛋清……3 个

绵白糖……30g

装饰

糖粉……少量

┌ 鲜奶油……50mL

└ 细砂糖……1/2 小勺

薄荷叶、香草籽……各适量

事前准备

● 将 A 料混合过筛，备用。

● 从香草荚中取出香草籽。

● 将烤箱预热至 170℃。

制作方法

1 制作面糊。将蛋黄和绵白糖倒入大碗中，用电动搅拌器搅拌至绵白糖溶解。

2 依次加入色拉油和水，每次加入后充分搅拌，加入香草籽。（a）

3 加入混合过筛的 A 料，搅拌至顺滑无颗粒。（b）

4 另取一个碗，倒入蛋清和绵白糖（从准备好的量中取一小撮），用电动搅拌器打发。打发至提起搅拌器时，蛋白拉出弯曲下垂的尖角，再分两次加入剩下的绵白糖，打发至蛋白能拉出直立的尖角。（c）

5 取步骤4中 1/3 的蛋白霜加入步骤3的面糊中，搅拌均匀。

6 把步骤5的混合物倒入步骤4剩余的蛋白霜中，用橡皮刮刀从底部向上搅拌均匀。（d）

7 把步骤6的混合物倒入内壁干净的模具，双手扶紧模具，从桌面上方较低处向桌面用力震几次，排出空气。（e）

8 烤制。放入170℃的烤箱内，烘烤20分钟。

9 烤完后立即用瓶子等插入圆筒内，将模具倒扣过来，直至完全冷却。（f）

10 参照左页脱模，盛入容器，撒上糖粉。

11 装饰。在鲜奶油中加入砂糖，用电动搅拌器打发至八分。用打发的奶油、薄荷叶、香草籽加以装饰即可。

a

b

c
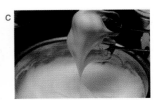

d

e

f

Cube Sweets

chocolate chiffon cake

模具：边长6cm的纸质模具
成品数量：6个

甘甜中带着微苦，属于成年人的戚风

戚风蛋糕

（巧克力口味）

原料

戚风蛋糕

蛋黄……2 个

绵白糖……30g

色拉油……60mL

水……50mL

A ⎡ 低筋面粉……45g
⎢ 高筋面粉……15g
⎢ 可可粉……10g
⎢ 杏仁粉……20g
⎣ 泡打粉……1/2 小勺

蛋白……3 个

绵白糖……30g

事前准备

● 将 A 料混合过筛，备用。

● 将烤箱预热至 170℃。

制作方法

1 制作面糊。将蛋黄和绵白糖倒入碗中，用电动搅拌器搅拌至绵白糖溶解。

2 依次加入色拉油和水，每次加入后充分搅拌。

3 加入 A 料，搅拌至顺滑无颗粒。

4 另取一个碗，倒入蛋清和绵白糖（从准备好的量中取一小撮），用电动搅拌器打发。打发至提起搅拌器时，蛋白拉出弯曲下垂的尖角，再分两次加入剩下的绵白糖，打发至蛋白能拉出直立的尖角。

5 取步骤 4 中 1/3 的蛋白霜加入步骤 3 的面糊中，搅拌均匀。

6 把步骤 5 的混合物倒入步骤 4 剩余的蛋白霜中，用橡皮刮刀从底部向上搅拌均匀。

7 把步骤 6 的混合物倒入纸质模具，从桌面上方较低处向桌面用力震几次，排出空气。

8 烤制。放入 170℃的烤箱内，烘烤 18~20 分钟。烤好后放在晾网上晾凉即成。

模具：边长6cm的纸质模具
成品数量：6个

香橙的风味，清爽淡雅

戚风蛋糕

（香橙口味）

原料

戚风蛋糕

蛋黄……2 个

绵白糖……30g

色拉油……60mL

橙汁……55mL

A 低筋面粉……50g
高筋面粉……20g
杏仁粉……20g
泡打粉……1/2 小勺

蛋清……3 个

绵白糖……30g

装饰

鲜奶油……50mL
细砂糖……1/2 小勺

糖渍香橙片……适量

薄荷叶、开心果……各适量

事前准备

● 将 A 料混合过筛。将烤箱预热至 170℃。

制作方法

1 制作面糊。将蛋黄和绵白糖倒入碗中，用电动搅拌器搅拌至绵白糖溶解。

2 依次加入色拉油和橙汁，每次加入后充分搅拌。

3 加入 A 料，搅拌至顺滑无颗粒。

4 另取一个碗，倒入蛋清和绵白糖（从准备好的量中取一小撮），用电动搅拌器打发。打发至提起搅拌器时，蛋白拉出弯曲下垂的尖角，再分两次加入剩下的绵白糖，打发至蛋白能拉出直立的尖角。

5 取步骤 4 中 1/3 的蛋白霜加入步骤 3 的面糊中，搅拌均匀。

6 把步骤 5 的混合物倒入步骤 4 剩余的蛋白霜中，用橡皮刮刀从底部向上搅拌均匀。

7 把步骤 6 的混合物倒入纸质模具，从桌面上方较低处向桌面用力震几次，排出空气。

8 烤制。放入 170℃的烤箱烘烤 18~20 分钟。烤好后放置在晾网上晾凉。

9 装饰。在鲜奶油中加入细砂糖，用电动搅拌器打发至八分，挤到步骤 8 中晾凉的蛋糕上，用糖渍橙片、薄荷叶、开心果碎加以装饰即成。

17

模具：边长8cm的立方体模具
成品数量：1个

用电动搅拌器就能做出的简易版长崎蛋糕

长崎蛋糕

原料

鸡蛋……55g

三温糖……38g

A ┌ 蜂蜜……8g
  └ 开水……6mL

高筋面粉……25g

粗砂糖……5g

事前准备

● 将高筋面粉过筛，备用。

● 在模具和盖子上垫好大小
  合适的烘焙纸。

● 将烤箱预热至170℃。

制作方法

1. 制作面糊。将鸡蛋和三温糖倒入碗中，隔水加热并用电动搅拌器打发。（a）

2. 搅拌至面糊发白、变得稠密时，把碗从热水中取出，加入混合好的 A 料。

3. 继续搅拌，直至拿起搅拌器后垂下的面糊可以留下明显的线状痕迹。（b）

4. 加入高筋面粉，用电动搅拌器搅拌至面糊呈现出光泽。

5. 烤制。在模具中撒入粗砂糖，之后倒入步骤4的面糊，在桌面上轻震几次排出空气。盖上盖子，放入180℃的烤箱内烘烤 10 分钟，再将温度下调至 160℃，烤制 20 分钟。（c）

6. 烤制完成后立刻拿开盖子，从模具中取出晾凉。

a

b

c

模具：边长8cm的立方体模具
成品数量：1个

纯日式长崎蛋糕，馈送佳品

抹茶蜜豆长崎蛋糕

原料

鸡蛋……55g

三温糖……38g

A ┌ 蜂蜜……8g
  └ 开水……6mL

┌ 高筋面粉……25g
└ 抹茶粉……1 小勺

粗砂糖……5g

蜜豆（红小豆）……40g

事前准备

● 将高筋面粉和抹茶粉过筛，备用。

● 在模具和盖子上垫好大小合适的烘焙纸。

● 将烤箱预热至180℃。

制作方法

1 制作面糊。将鸡蛋和三温糖倒入碗中，隔水加热并用电动搅拌器打发。

2 搅拌至面糊发白、变得稠密时，把碗从热水中取出，加入混合好的 A 料。

3 继续搅拌，直至拿起搅拌器后垂下的面糊可以留下明显的线状痕迹。

4 加入高筋面粉和抹茶粉，继续用电动搅拌器搅拌至面糊呈现出光泽。

5 在模具中撒入粗砂糖，之后倒入步骤 4 一半的面糊，放入蜜豆后把剩下的面糊倒入其中，在表面也撒上蜜豆。

6 烤制。在桌面上轻震几次排出空气。盖上盖子，放入 180℃的烤箱内烘烤 10 分钟，再将温度下调至 160℃，烤制 20 分钟。

7 烤制完成后立刻拿开盖子，从模具中取出晾凉。

模具：边长5cm的立方体模具

成品数量：4个

焦化黄油和杏仁添特别风味

费南雪

原料

无盐黄油……70g

糖粉……35g

细砂糖……25g

盐……少量

蛋清……55g

蜂蜜……1/2 大勺

香草籽……1/2 根

A ┌ 低筋面粉……35g
  │ 杏仁粉……40g
  └ 泡打粉……1/8 小勺

事前准备

● 从香草荚中取出香草籽。

● 将 A 料混合过筛，备用。

● 在模具和盖子上薄薄地涂抹上一层黄油（另备）。

● 将烤箱预热至 220℃。

制作方法

1 制作焦化黄油。把黄油放入锅中，开小火，完全化开时锅中会发出啪啪的响声。(a)

2 待黄油液体变成淡茶色后把锅底浸入水中。(b)

3 用厨房纸巾过滤，去除沉淀物。从过滤后的黄油中倒出 55g。(c)

4 制作面糊。把糖粉、细砂糖、盐和蛋清倒入碗中，用手动搅拌器搅拌。

5 把蜂蜜稍稍加热后倒入步骤4的原料中，加入香草籽，慢速轻轻搅拌 2 分钟左右，使之呈缓慢流动的糖霜状。(d)

6 把 A 料倒入步骤5中，搅拌至没有颗粒状。(e)

7 分次少量地加入步骤3中的焦化黄油，微微倾斜使黄油如垂丝般流入碗中，每次倒入后充分搅拌均匀。(f)

8 将材料倒入模具，轻敲模具底部排出空气，盖上盖子。

9 烤制。放入 220℃的烤箱烘烤 5 分钟，之后把温度下调至 180℃，烤制 20 分钟。烤制完成后，从模具中取出，放在晾网上晾凉。

模具：边长5cm的立方体模具

成品数量：6个

口感湿润，味道浓厚，送给喜爱巧克力的人

巧克力布朗尼蛋糕

原料

甜味巧克力……55g

无盐黄油……40g

- 蛋黄……2 个
- 细砂糖……25g

- 鲜奶油……25mL
- 细砂糖……25g

- 蛋清……2 个
- 细砂糖……25g

- 低筋面粉……15g
- 可可粉……33g

糖粉……适量

事前准备

● 把黄油和巧克力切成小块。

● 将低筋面粉和可可粉混合过筛。

● 在模具和盖子上薄薄地涂抹上
一层黄油（另备）。

● 将烤箱预热至 170℃。

制作方法

1. 制作面糊。把甜味巧克力和黄油放入碗中，隔水加热，化开后放凉。

2. 另取一碗倒入蛋黄，加入细砂糖后轻轻搅拌至液体发白，加入步骤1的原料后混合均匀。（a）

3. 再取一碗倒入鲜奶油，加细砂糖后打发至八分。

4. 取一个干净的碗倒入蛋清，打发至六分后加入细砂糖，制作成绵密的蛋白霜。

5. 把步骤3打发好的奶油加入步骤2的碗中，搅拌均匀。

6. 在步骤5搅拌完成后加入步骤4的一半蛋白霜，从底部向上搅拌至均匀，并加入一半粉类原料，从底部向上搅拌。倒入剩下的蛋白霜和剩余的粉类原料，采取同样的手法搅拌均匀。（b）

7. 烤制。把面糊倒入模具内，平均每个倒入55g，在桌面上轻震模具排除其中的空气，盖上盖子，放入预热至170℃的烤箱内，烤制 15~18 分钟。（c）

8. 烤好后从模具中取出，放在晾网晾凉，最后撒上糖粉。

模具: 边长7.5cm的立方体模具
成品数量: 2个

味道丰富，口感湿润

大理石蛋糕

原料

无盐黄油……130g

细砂糖……100g

鸡蛋……110g

香草精油……少量

杏仁粉……20g

A ⎡ 低筋面粉……110g
⎢ 泡打粉……1/2 小勺
⎣ 盐……1 小勺

甜味巧克力……50g

牛奶……1 大勺

事前准备

● 把黄油和牛奶的温度回升至室温。

● 将 A 料混合过筛，备用。

● 把巧克力切碎。

● 在模具和盖子上薄薄地涂抹上一层黄
油（另备）。

● 将烤箱预热至 170℃。

制作方法

1 制作面糊。把黄油放入碗中，用手动打蛋器搅拌至奶油状，加入细砂糖，
轻轻搅拌至液体发白。

2 鸡蛋打散，分 3~4 次加入步骤 1 的黄油，每次加入后充分混合，添加
香草精油并搅拌。

3 加入杏仁粉，充分搅拌均匀。

　*加入鸡蛋后混合液体容易分层，加入杏仁粉并搅拌可以防止分层。

4 倒入 A 料，用橡皮刮刀快速搅拌至一起。

5 在另一个碗中放入巧克力，隔水加热，用橡皮刮刀边搅拌边使之化开，
加热至接近体温时移出晾凉。

6 另取一碗，倒入四分之一步骤 4 的面糊，加入牛奶后充分混合，使面
糊变得柔软。

7 加入步骤 5 的巧克力，用橡皮刮刀充分混合。

8 把步骤 7 化开的巧克力倒入步骤 4 剩余的面糊中，用橡皮刮刀大幅地
搅拌 5 次左右，使面糊呈现出大理石纹路。

　*由于面糊在倒入模具时还会进一步混合，因此需要避免在倒入前混
合过度。

9 烤制。倒入模具中，朝桌面轻震，排除其中混入的空气，盖上盖子后
放入预热至 170℃的烤箱内烘烤 30~35 分钟。插入竹签，如果取出时
没有带出面糊即说明烤制完成。

Cube Sweets

banana bread

模具：边长7.5cm的立方体模具

成品数量：2个

香蕉浓郁的香甜，让人停不下来

香蕉蛋糕

原料

香蕉……240g

低筋面粉……90g
泡打粉……6g

无盐黄油……70g

细砂糖……90g

鸡蛋……70g

焦糖奶油

鲜奶油……40mL

细砂糖……35g

水……1 大勺

事前准备

● 将粉类原料混合过筛，备用。

● 把黄油的温度回升至室温。

● 在模具和盖子上薄薄地涂抹上一层黄油（另备）。

● 将烤箱预热至170℃。

制作方法

1. 制作香蕉泥。尽量选用表皮上有黑色斑点的完全成熟的香蕉，用叉子的背部将去皮香蕉压碎。（a）

2. 制作面糊。把黄油放入碗中，用手动搅拌器混合至呈奶油状，分两次加入细砂糖，每次加入后轻轻搅拌至化开。

3. 分 2~3 次加入打散的鸡蛋。如果中途液体出现分层，可以从准备好的粉类原料中取出少量加入其中，防止分层。剩下的蛋液少量多次地加入其中，注意避免液体出现分层。

4. 加入步骤1中的香蕉泥，进行搅拌。搅拌过程中会出现分层，因此需要把香蕉和少量粉类原料交替着加入碗中。

5. 香蕉泥混合好后把剩余的粉类原料全部倒入，用橡皮刮刀快速搅拌至面糊出现光泽且无颗粒状。

6. 烤制。把面糊倒入模具，轻敲模具底部，排出混入其中的空气。盖上模具的盖子，放入预热至 170℃的烤箱内烤制约 30 分钟。把竹签插至蛋糕的中心部分，如果取出时没有带出任何东西，即可把蛋糕从模具中取出，放在晾网上晾凉。

7. 制作焦糖奶油。在耐热容器中倒入鲜奶油，用保鲜膜封住，在微波炉中加热 30 秒。

8. 把细砂糖和水倒入锅中，中火加热至液体呈茶色、冒泡泡时，从火上拿下来。（b）

9. 少量多次地加入步骤7的奶油，用木制刮刀搅拌，倒入碗中，晾凉。（c）

   ＊液体温度较高，请务必戴上手套。加热时需用较大的锅，否则可能会溢出。

10. 装饰。在步骤6烤制完成的蛋糕上浇上步骤9的焦糖奶油。

a

b

c

模具：边长5cm的立方体模具
成品数量：6个

26

香橙的清爽味道，搭配黄油的香醇口感

香橙奶油蛋糕

原料

无盐黄油……90g

细砂糖……90g

酸奶油……45g

鸡蛋……110g

低筋面粉……120g
泡打粉……3/2 小勺

香橙皮屑……1/2 个

香橙皮（切碎）……40g

装饰用

杏酱……适量

开心果……适量

事前准备

● 将粉类原料混合过筛，备用。

● 把黄油的温度回升至室温。

● 在模具和盖子上薄薄地涂抹上一层黄
油（另备）。

● 将烤箱预热至170℃。

制作方法

1 制作面糊。把黄油放入碗中，用电动搅拌器搅拌至呈奶油状；加入细砂糖，搅拌至液体发白；再加入酸奶油，用电动搅拌器混合均匀。

2 分四到五次加入打散的蛋液，每次倒入后用电动搅拌器充分搅拌均匀。（a）

3 加入蛋液后碗内液体快要分层时，可以从准备好的粉类原料中取出少量加入其中，防止分层。（b）

4 加入香橙的皮屑，进行搅拌。（c）

5 把剩余的粉类原料一次全部倒入，放入香橙皮，用橡皮刮刀从下往上搅拌。充分混合至面糊无颗粒、表面出现光泽。（d）

6 把面糊倒入模具，轻敲模具底部，充分排出混入其中的空气，盖上模具的盖子。

7 烤制。放入预热至170℃的烤箱内烘烤20~25分钟。烤制完成后，把蛋糕从模具中取出，放在晾网上晾凉。

8 制作焦糖奶油。在耐热容器中倒入鲜奶油，用保鲜膜封住，在微波炉中加热30秒。

9 装饰。把杏酱倒入小锅中，开火加热，用刷子刷在步骤7中烤好的蛋糕表面上。放上切碎的开心果加以装饰。

模具：边长15cm的正方形模具
成品数量：6个

香草冰激凌的升级版

巧克力曲奇冰激凌蛋糕

原料

香草冰激凌……600mL
巧克力曲奇……16 小块

事前准备

● 在模具表面铺好烘焙纸。
● 将每块巧克力曲奇掰成大小均匀的 4 块。

制作方法

1. 把冰激凌放在室温下软化，放入碗中，充分搅拌使整体的软硬程度均匀。
2. 把一半冰激凌倒入模具内，模具的四个角上都要铺满。摆放一半巧克力曲奇，在上面倒入剩下的冰激凌。
3. 把剩余的巧克力曲奇铺在表面，用手轻轻按压，放入冰箱的冷冻层冷冻 4~5 个小时。
4. 从模具中取出，用加热过的刀快速切成边长 2.5cm 的方块。

Part.2

不用立方体模具也可以做的西式甜品

如果没有专门的立方体模具，可以用方形模具烤制，最后切分出
大小适宜的立方形甜点就可以了。稍费工夫的正宗芝士蛋糕或巧
克力蛋糕不仅可以当作饭后甜点，还可以用来招待客人哦。

Cube Sweets

black sesame & green tea uguisu beans mousse

原料

黑芝麻慕斯

底部

　　巧克力曲奇……100g

　　无盐黄油……30g

　　黑芝麻酱……1 大勺

慕斯

　　鲜奶油……150mL

　　蛋黄……1 个

　　细砂糖……45g

　　牛奶……50mL

　　吉利丁片……3.5g

　　白巧克力……60g

　　黑芝麻酱……12g

淋面

　　白巧克力……25g

　　┌黑可可粉……1 小勺

　　└细砂糖……1 小勺

　　鲜奶油……45mL

　　麦芽糖……5g

　　吉利丁片……0.8g

　　黑芝麻酱……1 小勺

事前准备（共同）

● 在模具表面铺好烘焙纸。

● 把鲜奶油放在室温下回温。

● 把吉利丁片放入冷水中泡软。

● 白巧克力切成小块。

模具：边长15cm的正方形模具

成品数量：各36块

黑芝麻搭配抹茶口感的日式蛋糕

黑芝麻抹茶甜豌豆慕斯

抹茶甜豌豆

底部

全麦饼干……100g

无盐黄油……35g

抹茶……1 小勺

慕斯

鲜奶油……150mL

蛋黄……1 个

细砂糖……40g

牛奶……50mL

吉利丁片……3.5g

白巧克力……60g

┌ 抹茶……1 小勺

└ 细砂糖……1 小勺

甜豌豆……100g

淋面

白巧克力……25g

┌ 抹茶……1/3 小勺

└ 细砂糖……1/2 小勺

鲜奶油……45mL

麦芽糖……5g

吉利丁片……0.8g

制作方法

★ 制作抹茶甜豌豆口味时，用（ ）内的原料代替。

1 制作底部。把巧克力曲奇（全麦饼干）放入食物料理机中打碎成粉末状，倒入碗中，加入用微波炉加热了 20~30 秒的液体黄油和黑芝麻酱（抹茶），充分混合。（a）

2 将混合物铺在模具底部，用勺子背部用力压实，放入冰箱冷藏 20~30 分钟。

3 制作慕斯。把鲜奶油打发至七分。（b）

4 把蛋黄和细砂糖倒入碗中，用手动搅拌器轻轻混合至液体发白。

5 把牛奶倒入锅中，加热至快要沸腾时关火。加入步骤 4 的混合液体后充分混合，拧干吉利丁片并放入碗中充分混合，使之融化。（c）

6 另取一碗，放入白巧克力，过滤步骤 5 的液体并倒入其中。搅拌液体使巧克力融化，加入黑芝麻酱（充分混合的抹茶和细砂糖）后充分搅拌。（d）

7 将碗放入冰水中降温，和步骤 3 打发的奶油混合，倒入步骤 2 的模具中（制作抹茶口味时整体均匀地撒上甜豌豆）。放入冰箱冷却 1 小时，使之凝固。（e）（f）

8 制作淋面。隔水加热白巧克力，使之化开。

9 把黑可可粉（抹茶粉）和细砂糖混合均匀，备用。

10 在小锅中倒入鲜奶油和麦芽糖，点火加热至锅内边缘部分冒泡时放入拧干的吉利丁片，充分混合均匀。

11 把步骤 9 的粉状原料倒入步骤 10 的锅中进行搅拌，加入黑芝麻酱（抹茶口味不需添加），继续搅拌。

12 把锅从火上移开，少量多次地加入步骤 8 的巧克力液，混合均匀。整体质地均一时倒在步骤 7 冷却完成的慕斯上，快速抹匀，使之覆盖整体。放入冰箱冷却凝固，最后用加热过的刀切分成边长为 2.5cm 的方块。

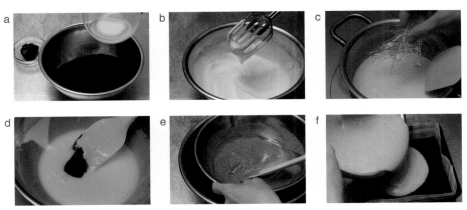

模具：边长15cm的正方形模具

成品数量：25块

香酥可口，简单易做

立方体曲奇

原料

曲奇

含盐黄油……55g

糖粉……22g

杏仁粉……50g

低筋面粉……65g

香草籽……适量

装饰用糖粉

杜果口味：糖粉1大勺＋杜果粉1/2大勺

草莓口味：糖粉1大勺＋草莓粉1/2大勺

抹茶口味：糖粉1大勺＋抹茶粉1/2大勺

事前准备

● 糖粉、杏仁粉、低筋面粉分别过筛，备用。

● 把黄油放置在室温下回温。

● 从香草荚中刮出香草籽。

● 装饰用糖粉的原料分别放入塑料袋中混合备用。

● 把烤箱预热至150℃。

制作方法

1 制作面团。把黄油放入碗中，用手动搅拌器搅拌至黄油呈奶油状，分数次加入糖粉，进行搅拌。

2 加入杏仁粉，用橡皮刮刀进行搅拌，再加入低筋面粉和香草籽，继续混合。

3 用擀面杖把面团擀成边长10.5cm的正方形，用保鲜膜包裹起来，放入冰箱冷冻10分钟。（a）

4 切去边缘，把面团切成边长2cm的方块。（b）

5 烤制。放入预热至150℃的烤箱内烘烤23分钟。烤制完成后放在晾网上降温，趁还略有余温时装入放有各类装饰用糖粉的塑料袋里，使曲奇整体裹上糖粉。

＊完全冷却后曲奇无法裹上糖粉，因此必须在还有少许热气时进行最后一个步骤。

a

b

模具：边长21cm的正方形模具

成品数量：110块

香脆可口，爱不释手

弗洛伦丹（杏仁焦糖饼）

原料

面团

　　无盐黄油……85g

　　细砂糖……85g

　　香草籽……1/4 根

　　盐……少量

　　鸡蛋……35g

　　杏仁粉……7g

　　低筋面粉……150g

　　玉米淀粉……7g

杏仁糖部分

　　┌ 无盐黄油……30g

　　│ 蜂蜜……40g

　　│ 鲜奶油……35mL

A│ 细砂糖……60g

　　│ 盐……少量

　　└ 香草籽……1/4 根

　　杏仁片……110g

事前准备

● 把黄油放置在室温下回温。杏仁粉、低筋面粉分别过筛。

● 把杏仁片放入170℃烤箱内烤 15 分钟，备用。

● 从香草荚中刮出香草籽。在模具内垫好烘焙纸。

制作方法

1 制作面团。在碗中放入黄油、细砂糖、香草籽和盐，用手动搅拌器混合。

2 加入打散的蛋液继续搅拌，放入杏仁粉，继续搅拌。

3 倒入低筋面粉和玉米淀粉，混合均匀，放入冰箱醒 30 分钟。

4 制作杏仁糖。把 A 料全部倒入锅中，中火加热，用木铲搅拌，加热至呈淡棕色且可以看见锅底时把锅从火上移开。

5 倒入杏仁片，快速混合。

6 烤制。用擀面杖把步骤 3 醒好的面团擀成 5mm 厚，放入模具，用叉子在面团上戳孔，放入 170℃的烤箱内烘烤 25 分钟。

7 烤制完成后倒入步骤 5 的杏仁糖，薄薄地涂抹一层，放入 170℃的烤箱内烘烤 25 分钟。

8 烤好后，趁热脱模并翻面。快速地切去边缘，切分成边长 2cm 的方块。

模具：21cm×6.7cm×5.9cm的长方形模具
成品数量：3块

风味清爽，咬碎小颗粒的口感十分美妙

罂粟籽蛋糕

原料

夹心

奶油奶酪……25g

绵白糖……1 大勺

牛奶……1/2 小勺

柠檬皮屑……1/3 个

面团

无盐黄油……50g

绵白糖……50g

蛋黄……1 个

香草精油……少量

杏仁粉……25g

蛋清……1 个

A ┌ 低筋面粉……35g
  │ 泡打粉……1/2 小勺
  └ 罂粟籽（青色）……14g

事前准备

● 把黄油和奶油奶酪放置在室温下回温。

● 把 A 料混合过筛，备用。

● 在模具上薄薄地涂抹一层黄油（不在上述准备的分量内）。

● 把烤箱预热至170℃。

制作方法

1. 制作夹心。把奶油奶酪放入碗中，搅拌成奶油状，依次加入绵白糖、牛奶、柠檬皮屑，每次加入后充分搅拌，使之混合均匀。

2. 制作面团。把黄油放入碗中，用电动搅拌器搅拌至液体发白，加入一半绵白糖后充分混合，依次加入蛋黄、香草精油和杏仁粉，每次加入后充分混合。

3. 另取一碗，倒入蛋清，用电动搅拌器打发至六成时，加入剩下的绵白糖，继续打发至提起搅拌器时蛋白的尖角直立。

4. 在步骤 2 的面糊中加入一勺步骤 3 的蛋白霜，用橡皮刮刀从底部翻拌，混合均匀。

5. 加入一半 A 料，从底部翻拌均匀。

6. 倒入剩余的蛋白霜和粉类原料，搅拌均匀。

7. 把步骤 6 的面糊的一半倒入模具，平整表面，在中央挤入步骤 1 的夹心，挤成细长状，然后在上面倒入剩余的面糊并平整表面。（a）

8. 烤制。放入预热至170℃的烤箱，烘烤30~35分钟。烤制完成后脱模，把蛋糕放在晾网上晾凉。冷却后切成6.5cm长的段。

a

模具：边长15cm的正方形模具
成品数量：11块

融入大量朗姆酒的蛋糕

白兰地蛋糕

原料

装饰用糖浆

　水……20mL

　细砂糖……10g

　朗姆酒……2 大勺

面糊

　无盐黄油……65g

　细砂糖……30g

　蔗糖……25g

　鸡蛋……80g

┌ 低筋面粉……85g

A 高筋面粉……35g

└ 泡打粉……4.5g

　糖蜜（糖浆状糖液）……40g

　朗姆酒……1 大勺

　核桃仁（烘烤后切碎）……30g

　酒渍果干……90g

事前准备

● 把 A 料混合过筛，备用。

● 把黄油放在室温下回温。

● 在模具上垫好烘焙纸。

● 把烤箱预热至 170℃。

制作方法

1 制作糖浆。在小锅中倒入水和细砂糖，开火加热至细砂糖化开、锅内液体沸腾时关火，加入朗姆酒，待糖浆冷却。

2 制作面糊。在碗中放入黄油，搅拌至黄油呈奶油状。混合细砂糖和蔗糖，分 2 次加入碗中，轻轻搅拌至充分混合。

3 分 3~4 次加入打散的蛋液，每次倒入后充分混合。

4 一次性倒入 A 料进行搅拌，然后加入糖蜜和朗姆酒进行混合，再放入核桃仁，充分搅拌。

5 用厨房用纸轻轻吸去酒渍果干表面的液体，和面糊充分混合。

6 烤制。把步骤5的面糊倒入模具中，用橡皮刮刀刮平整表面，放入预热至 170℃的烤箱内烘烤 25~30 分钟。

7 烤制完成后从模具中取出蛋糕，放在晾网上，趁热用刷子刷上足量的步骤1的糖浆，使蛋糕充分吸收。待蛋糕冷却后，切分成边长 4.5cm 的方块。

模具：边长15cm的正方形模具

成品数量：9块

入口即化，巧克力奶油风味

巧克力蛋糕

原料

海绵蛋糕面糊

    无盐黄油……5g

    鸡蛋……110g

    细砂糖……55g

    低筋面粉……55g

巧克力奶油

    ┌ 蛋黄……1 个

    └ 绵白糖……15g

    低筋面粉……3g

    玉米淀粉……2g

    牛奶……80mL

    香草籽……适量

    甜味巧克力……40g

    ┌ 鲜奶油……100mL

    └ 绵白糖……10g

装饰用

    核桃仁（烘烤后切碎）……1 大勺

    葡萄干……30g

    ┌ 核桃仁……9 粒

    └ 糖粉……适量

事前准备

● 把制作海绵蛋糕的低筋面粉过筛，备用。

● 从香草荚中刮出香草籽，备用。

● 把巧克力切碎，备用。

● 把葡萄干泡入热水中，使之软化。

● 在模具上垫好烘焙纸。

● 把烤箱预热至170℃。

制作方法

1. 制作海绵蛋糕。把黄油放入耐热容器中，用微波炉加热10~20秒，使之化开。

2. 鸡蛋打散，加入细砂糖后用电动搅拌器充分混合。

3. 将混合物隔水加热，边加热边用电动搅拌器打发，加热至40℃时从热水中取出，打发至面糊落下后留下明显痕迹。

4. 让低筋面粉再一次过筛，直接筛入碗中。用橡皮刮刀从底部翻拌，防止气泡消失。倒入步骤 1 中的黄油并用同样的手法从底部翻拌，使原料混合均匀。

5. 将面糊倒入模具中，放入预热至170℃的烤箱内烘烤22分钟，脱模后放在晾网上晾凉。晾凉后削去表层，水平切成三层。

6. 制作巧克力奶油。在碗中放入蛋黄和绵白糖，用电动搅拌器充分混合，筛入低筋面粉和玉米淀粉，充分搅拌。

7. 在另一个锅中倒入牛奶和香草籽，加热至快要沸腾，少量多次地倒入步骤 6 的碗中进行搅拌。过滤后倒回锅中，开中火，用橡皮刮刀搅拌直至液体变得有些黏稠。（a）

8. 关火后放入巧克力进行充分搅拌，倒入碗中降温。

9. 另取一碗，倒入鲜奶油和绵白糖，打发至八分。

10. 过滤步骤 8 的巧克力奶油，倒入步骤 9 的碗中进行搅拌。

   ※ 巧克力奶油在冷却后很难和鲜奶油充分混合在一起，需要控制在体温下进行混合。

11. 装饰。在步骤 5 制作完成的海绵蛋糕上，放上四分之一步骤 10 制作的奶油并涂抹均匀，分别撒上一半核桃和葡萄干，放上一层海绵蛋糕夹住奶油夹心。重复两次该步骤。（b）（c）

12. 把剩余的奶油涂抹在蛋糕整体上，然后放入冰箱冷藏，使整体充分融合。

13. 用加热过的刀把整体切分为9等份，放上撒有糖粉的核桃仁。

a

b

c

模具：边长18cm的正方形模具
成品数量：16块

肉桂的香气更能突显苹果的美味

苹果车轮蛋糕

原料

苹果……1 个

无盐黄油……150g

蔗糖……150g

鸡蛋……110g

杏仁粉……40g

A {
低筋面粉……225g

泡打粉……2 小勺

盐……1/4 小勺

肉豆蔻……1/3 小勺

肉桂粉……1/2 小勺

多香果……1/3 小勺
}

牛奶……50mL

杏酱……适量

事前准备

● 把 A 料混合过筛，备用。

● 从黄油放置在室温下回温。

● 把烘焙纸垫在模具上。

● 把烤箱预热至170℃。

制作方法

1 处理苹果。苹果带皮切成半月形的 8 等份，之后切成 3 毫米厚的薄片，平铺在耐热容器中。用微波炉加热 1 分 20 秒左右，放凉。

2 制作面糊。把黄油放入碗中，用电动搅拌器搅拌成奶油状，加入蔗糖充分混合。

3 分 3~4 次加入打散的蛋液，每次加入后搅拌均匀。

4 放入杏仁粉，充分搅拌。

　※ 加入鸡蛋后面糊容易分层，加入杏仁粉搅拌后可以防止分层。

5 改用橡皮刮刀，交替加入 A 料和牛奶，每次加入后从底部向上翻拌，充分混合在一起。

6 放入三分之一的苹果进行搅拌，倒入模具中。把面糊的中央部分往下压，把剩余的苹果撒在整个表面上。

7 烤制。放入预热至170℃的烤箱内，烘烤 40 分钟，之后把温度下调至160℃，烤制 1 小时。从模具中取出，放在晾网上晾凉。

8 把杏酱倒入小锅中，开火加热，使之软化，用刷子涂抹在步骤7 烤制完成的蛋糕上。晾凉后切分成边长 4.5cm 的方块。

模具：边长15cm的正方形模具
成品数量：25块

柠檬的香气在口中蔓延

柠檬派

原料

冷冻派皮（边长20cm）……1块

柠檬酱

　　吉利丁片……4.5g

　　鸡蛋……200g

　　柠檬皮屑……2个柠檬的分量

　　柠檬汁……200mL

　　细砂糖……190g

　　无盐黄油……270g

装饰用

　　┌ 鲜奶油……70mL

　　└ 细砂糖……1/2 小勺

　　切成细条的柠檬皮……适量

事前准备

● 黄油切成 1cm 大小的方块，放入冰箱冷藏。

● 把烘焙纸垫在模具内。

制作方法

1. 制作派皮。解冻派皮，放在浅烤盘上用叉子戳洞（用于排出空气），放入 200℃ 的烤箱内烘烤 10~12 分钟。如果面皮膨胀鼓起，用（带细长孔的）锅铲向下压，再烤制 5~7 分钟至表皮金黄。晾凉后切成边长 15cm 的正方形，放入模具内。

2. 制作柠檬酱。把吉利丁片放入冷水中浸泡。

3. 锅中放入鸡蛋、柠檬皮屑、柠檬汁和细砂糖混合，用略小于中火的火力加热，再用橡皮刮刀搅拌锅底部分，直至沸腾，关火，拧干步骤2浸泡的吉利丁片，放入锅内，充分搅拌，使之融化。

4. 过滤后倒入碗中，晾凉至 60℃ 以下，放入全部的黄油，用橡皮刮刀搅拌，使黄油充分融入其中。搅拌时注意避免空气混入，搅拌至顺滑后倒入步骤1的模具内。放入冰箱冷冻 20 分钟（或冷藏 40~50 分钟），使液体冷却凝固。

5. 在碗中倒入鲜奶油和细砂糖，打发至八分。

6. 把步骤4的成品从模具中取出，用加热过的刀切成边长 3cm 的方块。在切柠檬酱部分的时候，利用刀自身的重量慢慢往下切，切到派皮的部分时，用双手按住刀，一侧往下即可切断。

7. 装饰。把步骤5打发的奶油装入带有圆形裱花嘴的裱花袋中，挤在步骤6切好的方块上，放上切成细条的柠檬皮。

模具：23.5cm×17cm的长方形烤盘

成品数量：20块

微苦的奶油让咖啡爱好者沉醉其中

咖啡黄油奶油蛋糕

原料

海绵蛋糕面糊

    鸡蛋……80g

    细砂糖……60g

    A ⌈ 低筋面粉……45g

       └ 杏仁粉……30g

    无盐黄油……20g

    咖啡液……20g

    ⌈ 速溶咖啡……1 大勺

    └ 热水……1/2 大勺

咖啡黄油奶油

    ⌈ 蛋黄……1 个

  卡 │ 细砂糖……30g

  仕 │ 低筋面粉……10g

  达 │ 无盐黄油……3g

  酱 └ 牛奶……130mL

    无盐黄油……约125g（卡仕达酱的一半）

    咖啡液

    ⌈ 速溶咖啡……1 大勺

    └ 热水……1/2 大勺

装饰用

    杏仁片……适量

    糖粉……适量

    咖啡豆巧克力……适量

事前准备

● 把 A 料混合过筛，备用。

● 将制作咖啡液的原料分别混合。

● 把制作海绵蛋糕面糊的黄油放入耐热容器，用微波炉加热 10~20 秒，使之化开。

● 把杏仁片放入 150℃烤箱内烤 15 分钟，使杏仁片微微上色。

● 把烘焙纸垫在烤盘内。

● 把烤箱预热至 200℃。

制作方法

1 制作海绵蛋糕面糊。把鸡蛋打入碗中，加入细砂糖，用电动搅拌器充分混合。

2 边隔水加热边用电动搅拌器打发，加热至 40℃时从热水上移开，打发至勺起后落下的面糊能够留下痕迹为止。

3 筛入 A 料，用橡皮刮刀从底部向上翻拌，避免消除气泡。

4 加入化开的黄油，同样采用从底部向上翻拌的手法搅拌，咖啡液也用同样的方法混合。

5 将混合物倒入方形烤盘，放入预热至 200℃的烤箱烤制 8 分钟，放在晾网上晾凉。

6 制作咖啡黄油奶油。参照 p.10 制作卡仕达酱，倒入方形烤盘，在表面覆盖保鲜膜，放置晾凉，备用。

7 把黄油放入碗中，等待回升至室温，使之软化，用电动搅拌器搅拌。

8 再次搅拌卡仕达酱，使之变得顺滑，少量多次地加入步骤 7 中的黄油，充分混合在一起。（a）

9 在搅拌过程中，整体变得顺滑后倒入咖啡液，搅拌至整体质地均一。（b）

10 收尾。把步骤 5 的海绵蛋糕切成 4.5cm 宽的长条。（c）

11 在步骤 10 的海绵蛋糕上抹上奶油，再往上叠蛋糕夹住奶油，一共摆放四层蛋糕。（d）

12 装饰。用剩余的奶油涂抹在蛋糕的各个面上，在两侧沾上杏仁片，然后放入冰箱内冷藏。

13 冷却凝固，用加热过的刀切成 4.5cm 宽的方块，用糖粉和咖啡豆巧克力加以装饰。

Cube Sweets

**dark cherry
cheesecake**

模具：边长15cm的正方形模具
成品数量：18块

浓厚的奶油奶酪和黑樱桃是天生一对

黑樱桃芝士蛋糕

原料

底部

全麦饼干……100g

肉桂粉……1/2 小勺

无盐黄油……35g

芝士部分

奶油奶酪……200g

细砂糖……65g

无盐黄油……40g

原味酸奶……40g

蛋黄……1 个

玉米淀粉……1 大勺

柠檬果汁……1 大勺

黑樱桃罐头……1 罐（固体物含量 200~220g）

酸奶油部分

酸奶油……120g

糖粉……15g

事前准备

● 奶油奶酪和黄油分别放在室温下回温。

● 沥干沾在黑樱桃上的糖浆。

● 把烘焙纸垫在模具内。

● 把烤箱预热至 170℃。

制作方法

1. 制作底部。全麦饼干用食物料理机打碎，倒入碗中，整体撒上肉桂粉。

2. 用微波炉加热黄油 20~30 秒，使黄油化开，倒入步骤1的饼干碎中，充分混合。

3. 将混合物铺在模具底部，用勺子的背部用力压实，放入冰箱冷藏 20~30 分钟，备用。

4. 制作熟芝士。把奶油奶酪放入碗中，用电动搅拌器搅打至整体都变得顺滑细腻，加入细砂糖，充分混合。

5. 依次加入黄油、酸奶、蛋黄、玉米淀粉和柠檬果汁，每次加入后充分混合均匀。

   ※ 黄油必须软化后再放入，否则容易结块。

6. 在步骤3的模具里均匀地摆放黑樱桃。

7. 倒入步骤5的混合物，轻轻转动模具，使混合物能够覆盖整体。如果转动幅度过大，黑樱桃会移动。

8. 烤制。放入预热至 170℃的烤箱内烘烤 40~50 分钟。如果烘焙过程中蛋糕上色较快，需用铝箔纸盖住整体。烤制完成后晾凉，无须从模具中取出。

9. 制作酸奶油。把酸奶油和糖粉倒入碗中，用电动搅拌器混合至质地均一。倒在冷却的蛋糕上，平整表面，放入冰箱内冷藏 1 小时左右，使之凝固。

10. 从模具中取出，切分成边长 3.5cm 的方块。

奶油奶酪

在牛奶中加入鲜奶油，不让它变成成熟的奶酪（芝士）。特点是略带酸味，口感顺滑细腻。

Cube Sweets

**caramel banana
unbaked cheese cake**

模具：边长15cm的正方形模具
成品数量：18个

焦糖奶油的制作方法

原料

鲜奶油……120mL

细砂糖……100g

水……3 大勺

制作方法

① 把鲜奶油倒入耐热容器中，用保鲜膜封口，放入微波炉加热30秒。

② 在锅中放入细砂糖和水，中火加热，当液体变为茶色、开始冒泡时从火上移开。（a）

③ 少量多次地加入步骤 ① 中加热的奶油，用木铲搅拌。（b）

※ 须戴上手套防止烫伤。加热时选择较大的锅防止溢出。

④ 倒入碗中，散去余热。制作完成后每次称量使用。

焦糖香蕉芝士蛋糕

原料

底部

　　全麦饼干……100g

　　无盐黄油……35g

芝士部分

　　香蕉……50g

　　水……40mL

　　吉利丁粉……8g

　　鲜奶油……120mL

　　奶油奶酪……200g

　　细砂糖……30g

　　酸奶油……40g

　　焦糖奶油（参照左页）……160g

　　朗姆酒……2/3 大勺

装饰部分

　　鲜奶油……70mL

　　细砂糖……1 小勺

　　焦糖奶油……适量

事前准备

● 黄油放入耐热容器，用微波炉加热 20~30 秒，使之化开。

● 奶油奶酪放在室温下回温。

● 把烘焙纸垫在模具内。

● 参照左页制作焦糖奶油，称量 160g 用于制作芝士。

制作方法

1　制作底部。用食物料理机把全麦饼干打碎。

2　把打碎的饼干倒入碗中，加入化开的黄油，充分混合均匀。

3　铺入模具底部，用勺子的背部用力压实，放入冰箱内冷藏 20~30 分钟，备用。

4　制作芝士。用叉子的背部把香蕉压成泥。

5　在耐热容器中倒入水，把吉利丁粉撒入水中浸泡。

6　把鲜奶油打发到六分时放入冰箱冷藏。

7　另取一个碗，倒入奶油奶酪和细砂糖，用电动搅拌器搅拌。待奶油奶酪变得顺滑，依次加入酸奶油和步骤4的香蕉泥，每次加入后充分混合均匀。

8　少量多次地加入焦糖奶油并搅拌，同时倒入朗姆酒并充分混合。

9　用微波炉将步骤5中浸泡的吉利丁粉加热 40 秒左右，使之融化，倒入步骤8的碗中，充分混合，加入步骤6的鲜奶油，用橡皮刮刀从底部向上翻拌。

10　倒入步骤3的模具中，平整表面后放入冰箱冷藏约 2 小时，待其凝固。

11　装饰。在用于点缀的鲜奶油中加入细砂糖，打发至七分，均匀地涂抹在步骤10的蛋糕表面整体上，用抹刀的尖端随意地挑起尖角。放入冰箱冷藏 30 分钟左右。

12　从模具中取出，用加热过的刀切分成边长 3.5cm 的方块。用勺子把焦糖奶油拉成细丝状，倒在鲜奶油凹陷下去的地方。

模具：21cm×6.7cm×5.9cm 的长方形模具
成品数量：3块

嵌有大量饱满板栗的奢侈的磅蛋糕

栗子磅蛋糕

原料

面糊

含盐黄油……45g

细砂糖……45g

鸡蛋……40g

牛奶……1/2 大勺

A ┌ 低筋面粉……35g
│ 杏仁粉……10g
└ 泡打粉……0.5g

栗子奶油……10g

糖水煮板栗（放在面糊里）……2 个

糖水煮板栗（铺在模具里）……3 个

装饰用

镜面果胶……适量

事前准备

● 把黄油放在室温下回温。把 A 料混合过筛，备用。

● 把用于放入面糊的板栗切成大块，放入模具中的板栗斜切成 3 等份，分别沥干水。把烘焙纸垫在模具内。把烤箱预热至 170℃。

制作方法

1 把糖水煮好的板栗（铺在模具里）放入模具，铺好。(a)

2 制作面糊。把黄油放入碗中，用电动搅拌器搅拌成奶油状，分 2 次加入细砂糖，轻轻地搅拌均匀。

3 分 3~4 次加入打散的蛋液，每次加入后充分混合，再加入牛奶，搅拌均匀。

4 一次性倒入 A 料，充分混合在一起，加入栗子奶油和糖水煮栗子（放入面糊的部分），搅拌均匀。

5 烤制。倒入步骤 1 的模具中，用橡皮刮刀平整表面。放入预热至 170℃的烤箱内烘烤 25~30 分钟。

6 装饰。烤制完成后从模具中脱出，放在晾网上晾凉。最后涂抹上镜面果胶即可。冷却后切成边长 6.5cm 的方块。

a

模具：边长18cm的正方形模具
成品数量：36块

口感湿润，酸甜可口

树莓蛋糕

原料

无盐黄油……100g

细砂糖……90g

盐……少量

香草精油……少量

鸡蛋……35g

柠檬汁……1/2 个

柠檬皮屑……1/2 个

A ┌ 低筋面粉……100g
  │ 杏仁粉……50g
  └ 泡打粉……1/2 小勺

树莓果酱……70g

事前准备

● 把 A 料混合过筛，备用。

● 黄油放在室温下回温。

● 把烘焙纸垫在模具内。

● 把烤箱预热至 170℃。

制作方法

1. 制作面糊。把黄油放入碗内，用电动搅拌器搅拌成奶油状，加入细砂糖后充分混合，加入盐和香草精油进行搅拌。

2. 分 2 次倒入打散的蛋液，每次倒入后充分混合均匀，加入柠檬汁和柠檬皮屑，充分搅拌。

3. 倒入 A 料，用橡皮刮刀简单地搅拌在一起。

4. 把一半面糊倒入模具，用刮板把表面抹平。

5. 把剩余的面糊倒入装有直径 1cm 圆形裱花嘴的裱花袋中，沿模具周边挤出一圈。

6. 在面糊围出的方格内倒入树莓果酱，用刮板抹平使之覆盖整体。用剩余的面糊在果酱上画方格。（a）

7. 烤制。放入预热至 170℃ 的烤箱内烘烤约 10 分钟，之后把温度下调至 160℃，烘烤 20~25 分钟。脱模后放在晾网上晾凉，切分成边长 3cm 的方块。

a

Cube Sweet

prune & apricot
buckle cake

模具：边长15cm的正方形模具
成品数量：14块

48

覆盖有满满酥屑的美式蛋糕

酥屑杏李蛋糕

原料

酥屑

　无盐黄油、低筋面粉、蔗糖、杏仁粉……各 18g

　盐、肉桂粉……各 0.2g

　肉豆蔻、多香果……各少量

蛋糕坯

　无盐黄油……40g

　酸奶油……20g

　细砂糖……60g

　蔗糖……15g

　盐……少量

　鸡蛋……55g

　杏仁粉……25g

　牛奶……20mL

　┌ 低筋面粉……35g

　│ 高筋面粉……35g

　│ 泡打粉……2.5g

A │ 肉桂……少量

　│ 肉豆蔻……少量

　└ 多香果……少量

　核桃等坚果（烤制）……15g

　杏（干果）……7 颗

　李子（干果）……14 颗

事前准备

●将 A 料混合过筛，备用。

●把用于制作蛋糕坯的黄油放在室温
　下回温。

●把杏干放入热水中软化，沥干水分，
　对半切开，备用。

●把烘焙纸垫在模具内。

●将烤箱预热至 170℃。

制作方法

1 制作酥屑。黄油切成边长 1cm 的小块，放入冰箱冷冻。

2 把黄油以外的所有原料放入食物料理机中打碎，放入步骤1的
黄油块，继续用料理机搅拌。待整体呈细小的颗粒状时倒出，
放入冰箱冷冻。

3 制作蛋糕坯。在碗中放入黄油和酸奶油并进行搅拌。加入细砂糖、
蔗糖和盐，轻轻搅拌融化。少量多次地加入打散的蛋液，充分
乳化，加入一部分后改为交替加入杏仁粉和蛋液。

4 在步骤3中加入牛奶混合均匀。

　※ 如果混合物看上去快要分层，可以加入少量 A 料进行搅拌。

5 加入 A 料和核桃（或其他坚果），用橡皮刮刀混合均匀。

6 往模具中倒入一半面糊，调整模具使各部分高度均一，放入李
子和杏，基本覆盖面糊表面。

7 烤制。把剩余的面糊到在果肉上，平整表面。把步骤2的酥屑
均匀地撒在表层上，放入预热至 170℃的烤箱内烘烤 40~43 分
钟。晾凉后切分成边长 4cm 的方块。

模具：15cm×12cm的长方形果冻模具
成品数量：7块

色彩鲜艳的方形果冻

水果果冻

原料

草莓……5 颗

猕猴桃……1/2 个

西柚……1/2 个

蓝莓……20 颗

洋梨、黄桃（罐头）……各 2 片

水……390mL

细砂糖……60g

柠檬汁……4/3 大勺

白葡萄酒……60mL

吉利丁片……14g

事前准备

●把吉利丁片放入冷水中浸泡，使之软化。

制作方法

1 把草莓竖着按"十"字形切成 4 等份，西柚、猕猴桃、洋梨和黄桃分别切成边长 1.5cm 的小块，沥干水分，备用。

2 在锅中放入水、细砂糖后开火，待细砂糖融化后加入柠檬汁和白葡萄酒，煮至略微沸腾。

3 拧干吉利丁片上的水分，放入锅中，关火慢慢搅拌，使吉利丁片化开，静置散去热气。

4 把步骤3的液体慢慢倒入模具中，放入步骤1中切块的水果和蓝莓，放入冰箱冷藏 1 小时左右等待凝固。

5 待完全冷却凝固后从模具中取出，切分成边长 5cm 的方块。

※ 从模具中取出时，可以用热毛巾包住模具四周，使果冻稍稍融化，可以更容易地脱模。

Part.3

立方小点心

立方形的小点心看起来胖乎乎的，非常可爱。棉花糖、巧克力、大学芋等都可以做成小小的立方形，刚好能够一口吃掉，所以不论大人还是小孩都非常喜爱。看着四四方方的小点心，不管多么疲惫的心也能被治愈，让我们一起来放松一下吧！

Cube Sweets
marshmallow

模具：边长15cm的正方形模具
成品数量：100块

马卡龙色的可爱棉花糖

法式棉花糖

（草莓和薄荷口味）

原料

■ 草莓口味

　水……75mL

　吉利丁粉……8g

　蛋清……1 个

　细砂糖……60g

　草莓果泥……2 大勺

　玉米淀粉……2~3 大勺

■ 薄荷口味

　吉利丁粉……8g

　水……60mL

　蛋清……1 个

　细砂糖……60g

　薄荷利口酒……2 大勺

　玉米淀粉……2~3 大勺

事前准备

● 把烘焙纸垫在模具内，用滤茶器筛玉米淀粉。

● 蛋清放入冰箱内冷藏。

制作方法

1. 把水倒入一个较大的耐热容器内，筛入吉利丁粉，浸泡 5 分钟，备用。

2. 把蛋清倒入碗中，用电动搅拌器打发至六分时，从准备好的细砂糖中取出一大勺，倒入蛋清中，继续打发。

3. 把步骤1的碗放入微波炉中，加热 40~50 秒。倒入剩余的细砂糖和草莓果泥（或薄荷利口酒），充分混合，然后用微波炉加热 30~40 秒，使砂糖和果泥融入其中。（a）

4. 把步骤3的混合物少量多次地加入步骤2的碗中，用电动搅拌器搅拌至整体质地均一，变得浓稠。

5. 倒入模具，平整表面，放在常温下等待其完全凝固。（b）

6. 把凝固好的成品取出，放在撒有玉米淀粉的案板上。切分成边长 1.5cm 的方块，并在切面上撒上玉米淀粉。

a

b

strawberry cube chocolate

模具：15cm×12cm的长方形模具
成品数量：45块

爽脆又松软的奇妙口感

草莓巧克力块

原料

白巧克力……190g

玄米脆片……100g

冻干草莓（或树莓）……15g

棉花糖（小粒）……45g

事前准备

●把白巧克力切碎。

●把冻干草莓切成较大块。

●把烘焙纸垫在模具内。

制作方法

1. 把白巧克力放入一个较大的碗中，隔水加热，使巧克力化开。（a）

2. 放入玄米脆片、冻干草莓和棉花糖，用橡皮刮刀搅拌，使碗中的原料相互包裹起来。（b）

3. 倒入模具内，用勺子或刮片从上面快速地平整表面，放入冰箱冷藏3小时左右，等待其冷却凝固。

4. 从模具中取出，用刀切成边长2cm的方块。

a

b

Cube Sweets

**salt
butter caramel**

BONHEUR

模具：边长15cm的正方形模具
成品数量：56块

香醇黄油搭配略带咸味的焦糖

咸味黄油焦糖

原料

鲜奶油……200mL

香草籽……1/2 根

盐之花（粗颗粒的盐）……少量

细砂糖……250g

麦芽糖……40g

无盐黄油……100g

事前准备

● 把烘焙纸垫在模具内。

制作方法

1. 把鲜奶油、香草籽和盐之花放入锅中，加热使之沸腾。（a）
2. 在另一个稍大的锅中，放入细砂糖和麦芽糖，中火加热，时不时用木铲搅拌，使糖焦化成焦糖状。（b）
3. 细砂糖焦化并沸腾后放入黄油，仔细搅拌，防止凝结成块。（c）
   ※ 此时锅内沸腾得比较厉害，需要小心，防止烫伤。
4. 用木铲搅拌，使锅内的糖和油充分融合在一起。
5. 把步骤1的鲜奶油少量多次地倒入锅中，并充分搅拌，使之融为一体。（d）
   ※ 此时锅内也沸腾得很厉害，需要小心。
6. 继续煮，锅内液体逐渐变得稠密，用中火加热至114℃。没有温度计的话，可以往装有水的碗中滴入一滴焦糖，如果焦糖变软并凝固，说明温度刚好合适。（e）
7. 关火，把焦糖倒入模具内。可以在常温下放置一天或放入冰箱冷冻等待凝固。（f）
8. 用刀切成边长2cm的方块。

模具：边长15cm的正方形模具
成品数量：18块

用巧克力装饰的外表时髦的小甜品

立方面包干

原料

吐司面包（4片装）……2片

无盐黄油……适量

涂层用巧克力（白巧克力、甜味巧克力）各适量

装饰

小糖球、冻干树莓、香橙皮、冻干蔓越莓、坚果

（开心果、核桃等）……各适量

事前准备

● 把黄油放入耐热容器中，用微波炉加热 10~20 秒，
使黄油化开。

● 将烤箱预热至 150℃。

制作方法

1 切去吐司的四边，把吐司切成 9 等份。

2 把切好的吐司方块等距放在平的耐热容器上，用微波炉加热 2 分半钟，然后翻面再加热 1 分钟。（a）

3 用刷子把化开的黄油刷在吐司方块的各个面上，放入预热至 150℃ 的烤箱内烘烤 5 分钟。（b）

4 将涂层用巧克力隔水加热化开。待面包冷却后，用表面蘸取巧克力。（c）

5 在巧克力凝固之前，放上干果加以装饰，静置等待巧克力凝固。

成品数量：若干

外表干脆脆，里面热腾腾

大学芋

原料

红薯、紫薯……各 100g

色拉油（炒制用）……1 大勺

色拉油（糖衣用）……2 小勺

绵白糖……60g

麦芽糖……1 小勺

※ 这个量在制作时会剩余少量麦芽糖，但需要注意，如果增加红薯的量，其他原料的量也需要进行调整。

事前准备

●把烘焙纸垫在烤盘内。

制作方法

1 分别削去红薯和紫薯的皮，切成边长 2cm 的小块，放入水中。

2 把步骤1的红薯块、紫薯块从水中捞出，放入耐热容器中，盖上保鲜膜，用微波炉加热 2 分半钟。

3 把色拉油（1 大勺）倒入平底锅中，把步骤2中的红薯块、紫薯块擦干水后放入锅中，使各个面都被油包裹住，炸至略微上色。

4 把炸好的薯块取出。在刚才的平底锅中再放入 2 小勺色拉油、绵白糖和麦芽糖，搅拌均匀。待绵白糖完全化开、麦芽糖稍稍上色时，把步骤3炸好的薯块放回锅中，用糖液包裹住薯块。

5 待糖变为焦糖色时关火，把挂上糖的薯块放入盘中，趁热把薯块分开摆放。

※ 注意：继续加热的话，糖会凝固。

成品数量：
杂粮核桃口味64块
南瓜葡萄干口味49块

司康

（ 杂粮核桃口味、南瓜葡萄干口味 ）

原料

杂粮核桃口味（ 64 块 ）

A ┌ 低筋面粉……185g
　├ 全麦粉……40g
　├ 泡打粉……2 小勺
　├ 燕麦片……30g
　└ 蔗糖……3 大勺

含盐黄油……50g

牛奶……125mL

葵花子……10g

核桃……30g

南瓜葡萄干口味（ 49 块 ）

B ┌ 低筋面粉……140g
　├ 泡打粉……1 大勺
　├ 肉桂粉……1/3 小勺
　├ 盐……少量
　└ 三温糖……30g

无盐黄油……40g

┌ 牛奶……40mL
└ 鸡蛋……30g

南瓜（ 冷冻 ）……50g

葡萄干……40g

事前准备

●把黄油切成边长 1cm 的小块，放入
冰箱冷藏。

●核桃烤制后用刀切成小块。

●在浅烤盘上垫烘焙纸。

●把烤箱分别预热至 180℃（ 杂粮核桃
口味 ）和 170℃（ 南瓜葡萄干口味 ）。

制作方法

1 制作杂粮核桃口味司康。把 A 料放入食物料理机内，轻轻打碎，放入
黄油，打碎成面包屑状的粉末。（ a ）（ b ）

2 在步骤1打碎的粉末中倒入牛奶，每次加入一点后轻轻搅拌。还留有
一点粉末的时候加入核桃和葵花子，稍微搅拌一下即可。

3 把面团倒入碗中。在手上抹少许手粉，轻轻按压面团，揉成一个团，
用保鲜膜包裹住，擀成边长 16.5cm 的正方形，然后放入冰箱冷冻室
醒 30 分钟。（ c ）（ d ）

4 烤制。从冰箱取出，切去边边角角，切分成边长 2cm 的方块，排列在
浅烤盘上，放入预热至 180℃的烤箱内烤 15 分钟即可。

5 制作南瓜葡萄干口味司康。把南瓜放入耐热器皿中，盖上保鲜膜，加
热 3~4 分钟，去皮。

6 把 B 料放入食物料理机，轻轻搅拌，加入黄油，搅拌成面包屑状的细
小颗粒。

7 在步骤6混合物中加入牛奶和鸡蛋的混合液以及步骤5中的南瓜，搅
拌至还留有一点粉末为止。

8 倒入碗中，放入葡萄干。在手上抹少许手粉，轻轻按压面团，揉成一
个团。用保鲜膜包裹住，擀成边长 14.5cm 的正方形，放入冰箱冷冻
室醒 30 分钟。

9 烤制。从冰箱取出，切去边边角角，切分成边长 2cm 的方块。排列在
浅烤盘上，放入预热至 170℃的烤箱内烤 18~20 分钟即可。

Cube Sweets

pumpkin pudding

模具：23cm×4.5cm×6cm的长方形模具

成品数量：5个

口感嫩滑，味道浓厚

南瓜布丁

原料

焦糖酱

细砂糖……50g

水……25mL

热水……15mL

布丁

南瓜（冷冻）……165g

牛奶……120mL

鲜奶油……35mL

细砂糖……45g

肉桂棒……1 根

鸡蛋……80g

朗姆酒……1/3 小勺

装饰用肉桂棒……适量

事前准备

● 在模具上涂抹一层黄油（不在上述准备的
分量内）。把烤箱预热至 140℃。

● 准备好用于隔水加热的热水。

制作方法

1 制作焦糖酱。在锅里加入细砂糖和水，开火加热，待锅内液体变为茶色时
从火上移开，加热水搅拌，倒入模具内，放入冰箱内冷藏，备用。

2 制作布丁。把南瓜放入耐热器皿，盖上保鲜膜，用微波炉加热 3~4 分钟，
趁热去皮，过滤除去渣滓。（a）

3 把牛奶、鲜奶油和细砂糖倒入锅中，加入肉桂棒搅拌均匀。

4 把步骤 3 的锅放到火上，加热至快要沸腾时关火。

5 在另一个碗中打散鸡蛋，少量多次地加入步骤 4 中，用过滤网过滤。（b）

6 把步骤 5 的液体每次少量地倒入步骤 2 的南瓜泥中，充分混合在一起，同
时加入朗姆酒。

7 烤制。把步骤 6 的布丁液倒入步骤 1 的模具里，把模具放入烤盘，往烤盘
里注入热水，放入预热至 140℃的烤箱烤制 40~50 分钟。

8 装饰。待晾凉后反扣在盘子里，切分成边长 4.5cm 的方块，用肉桂棒装饰。

a

b

模具：边长15cm的正方形模具
成品数量：56块

樱花淡香高雅的甜味，令人欣喜

樱花羊羹

原料

樱花豆沙馅（市售）……100g

水……300mL

绵白糖……50g

寒天粉……4g

盐渍樱花……10 朵

事前准备

● 把盐渍樱花泡在水里，去除盐分。

制作方法

1. 把樱花豆沙馅、水、绵白糖和寒天粉倒入锅中，开火加热。搅拌液体使整体质地均一，加热至锅中略微沸腾、寒天粉彻底溶解时关火。

2. 把锅底放入冰水中并搅拌锅内液体，待液体冷却后质地会变得黏稠。

3. 倒入模具，把盐渍樱花撒在表面。在常温下放置 2 小时，待其凝固。

4. 从模具中取出，切成边长 2cm 的方块。

寒天粉
粉末状的寒天是用石花菜、发菜
等海藻制作而成。无须浸泡或过
滤，使用起来非常方便。

模具：边长15cm的正方形模具
成品数量：56块

酥脆可口的黄油曲奇

黄油酥饼

原料

A ┌ 低筋面粉……240g
  │ 全麦面粉……60g
  └ 细砂糖……80g

含盐黄油……120g

起酥油……40g

细砂糖……适量

事前准备

● 黄油切成边长1cm的小块，放入冰箱
  冷冻。

● 把烘焙纸垫入模具内。

● 把烤箱预热至160℃。

制作方法

1. 制作面团。把A料放入食物料理机，搅拌至整体质地均一。

2. 放入黄油，用手把起酥油捏碎后放入，整体搅拌至面粉均变为小颗粒状。

3. 倒入碗中，用手把所有小颗粒揉在一起，揉搓成一个面团。

4. 把面团放入模具，用保鲜膜盖住，用小型的磅蛋糕模具从上面按压、伸展面团，使整体厚度均一，覆盖住模具的底部。

5. 用竹签在面团上戳孔，排出空气。（由于面团比较厚，用竹签戳孔的时候需要用力扎到模具底部为止）

6. 用保鲜膜封住模具开口，放入冰箱醒30分钟。

7. 烤制。在面团表面撒上细砂糖，放入预热至160℃的烤箱内烘烤55~60分钟，烤制略微上色为止。

   ※ 由于面团较厚，整体受热需要较长时间。如果烤制过程中上色较快，需要覆盖铝箔，防止内部没有烘烤到位。

8. 烤制完成后从模具中取出。冷却至用手可以拿住的程度后，快速地切分成边长2cm的方块。

成品数量：18块

外皮酥脆，内部松软

法式吐司

原料

吐司面包……2 片

蛋奶液

鸡蛋……110g

蛋黄……1 个

细砂糖……75g

牛奶……200mL

鲜奶油……100mL

香草籽……适量

无盐黄油……1 大勺

糖粉……适量

枫糖浆……适量

事前准备

● 把烤箱预热至 200℃。

● 在浅烤盘上垫烘焙纸。

制作方法

1 把吐司切去四边，切分成 9 等份。

2 制作蛋奶液。把鸡蛋和蛋黄打入碗中，用打蛋器打散。加入细砂糖，轻轻搅拌，注意不要搅打出气泡。

3 把牛奶、鲜奶油、香草籽连同香草荚一起放入锅中，开火加热。快要沸腾时关火，每次少量地加入步骤 2，仔细搅拌，使之充分混合。

4 把步骤 1 切好的小块吐司摆放到烤盘上，倒入步骤 3 的蛋奶液，盖上保鲜膜浸泡 1 小时。烘烤过程中吐司要翻面。

※ 如果想浸泡得更充分彻底，可以提前一天准备，浸泡一晚上。

5 把黄油放入烧热的平底锅中，化开黄油，把步骤 4 浸泡好的吐司小块煎至喜欢的颜色为止。

6 烤制。把步骤 5 煎好的吐司块摆放到浅烤盘上，放入预热至 200℃的烤箱中，烤制 12~15 分钟。

7 待吐司块整体变得膨胀、表面变得酥脆时，从烤箱中取出。快速盛入盘中，撒上糖粉，配上枫糖浆。

模具：边长15cm的正方形模具
成品数量：25块

口感清爽，适合女性

水果酸奶糖

原料

冷冻杞果……适量

菠萝（罐头装）……适量

西柚……适量

酸奶饮料……700mL

制作方法

1 把冷冻杞果解冻。把所有水果全部切成长 2cm 左右的小块，沥干水分。

2 把三分之一的水果铺在模具底部，在上面轻轻倒入酸奶饮料。

3 把剩余的水果小心地放在步骤2的上面，放入冰箱冷冻一晚，使之凝固。

4 从模具中取出，用加热过的刀快速地切分成边长 3cm 的小块。

Part.4
立方面包

立方面包外形小巧可爱，大小可供一人食用。平时吃的果
酱面包、红豆面包、肉桂卷都可以放入小小的立方形模具
中烤制出来。外皮烤至焦脆，里面松软可口，喜欢吃面包
边的人会爱不释手的。与普通的吐司面包相比，立方面包
有不一样的美味，既可当早餐，又可以当作午饭或便当，
甚至可以充当小点心。

模具：边长5cm的立方体模具
成品数量：12个

可以放入喜欢的果酱，创造出多种搭配

果酱面包

原料

基本的面包坯

- 高筋面粉……200g
- 低筋面粉……40g
- A 绵白糖……25g
- 盐……4g
- 干酵母……4g
- 牛奶……165mL
- 无盐黄油……40g
- 草莓果酱……240g

※ 如果果酱过稀，可以放入锅中加热，煮得浓稠一些，冷却后使用。

事前准备

● 把黄油放在室温下回温。

● 在模具和盖子上涂上薄薄的一层色拉油（另备）。

● 把烤箱预热至170℃。

● 把果酱分成20g一份，用保鲜膜包成一个球形。

制作方法

1. 制作基本的面包坯。把A料放入食物料理机中搅拌，整体混合均匀，加入牛奶，搅拌成一个面团。（a）

2. 把黄油捏碎放入面团，再次搅拌，使整体质地均一。（b）

3. 面团和黄油融为一体后从料理机中取出，揉成球体，放入碗中，用保鲜膜盖住。（c）

4. 打开烤箱的发酵功能，把温度设定在40℃，放入面团，发酵40分钟。

5. 取出面团放在案台上，分成12等份（每个大约38g），分别揉成小球。（d）

6. 盖上保鲜膜，醒10分钟。（e）

7. 用擀面杖擀成直径约8cm的圆形（中间较厚），放上草莓果酱，然后包裹住。

8. 把封口朝下放入模具中，松松地覆盖上保鲜膜。（f）

9. 打开烤箱的发酵功能，把温度设定在40℃，放入模具发酵40~50分钟（面团膨胀至模具的九成高）。

10. 烤制。盖上盖子，放入预热至170℃的烤箱内烘烤25分钟。烤制完成后立刻取出，放置冷却。

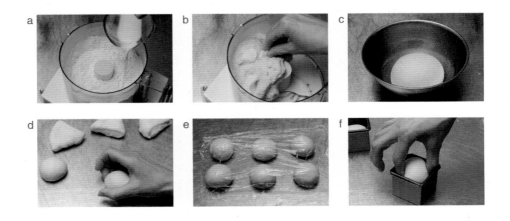

模具：边长5cm的立方体模具

成品数量：12个

卡仕达酱和微苦的焦糖，组合成布丁般的味道

布丁面包

原料

基本的面包坯（参照 p.67）……用量相同

卡仕达酱（使用 240g）

　牛奶……250mL

　香草籽……1/4 根

　蛋黄……2 个

　细砂糖……70g

　低筋面粉……25g

　无盐黄油……5g

　焦糖奶油（p.25）……适量

事前准备

● 把黄油放置在室温下回温。

● 从香草荚中刮出香草籽。

● 在模具和盖子上抹上薄薄的一层色拉油（另备）。

● 把烤箱预热至 170℃。

制作方法

1 参照基础面包坯的制作方法（p.67）的第 1 ~ 6 步制作面团。

2 制作卡仕达酱。把牛奶和香草籽放入锅中，开火加热至快要沸腾。

3 把蛋黄倒入碗中，用打蛋器打散，放入细砂糖和低筋面粉进行搅拌。

4 把步骤 2 的液体少量多次地加入步骤 3 中，搅拌均匀。

5 用滤网过滤步骤 4 的混合物，然后倒回锅中，大火加热。

6 用橡皮刮刀不停地搅动锅底部分，使液体受热均匀。（a）

7 煮至液体冒泡沸腾、变得顺滑时关火，加入黄油进行搅拌。（b）

8 倒入烤盘，紧贴表面覆盖一层保鲜膜，放入冰箱快速冷冻 20 分钟。（c）

9 制作布丁面包。用擀面杖把步骤 1 的面团擀成直径 8cm 的圆形（中间较厚），放上并包住步骤 8 的卡仕达酱。取出后，把酱分成每份 20g，备用。（d）

10 用力捏紧封口，把封口朝下放入模具中，松松地盖上一层保鲜膜。（e）

11 打开烤箱的发酵功能，把温度设置在 40℃，放入面团，发酵 40~50 分钟（发酵至面团膨胀至模具的九成高）。

12 烤制。盖上盖子，放入预热至 170℃ 的烤箱内烘烤 25 分钟。烤制完成后，立刻脱模，取出晾凉。

13 把焦糖奶油倒入带有尖头泡芙嘴的裱花袋，从面包底部注入焦糖奶油。（f）

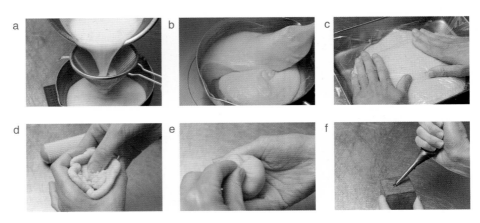

Cube Sweets
cinnamon roll

模具：边长5cm的立方体模具
成品数量：8个

肉桂的芳香，搭配糖霜的甜美

肉桂卷

原料

面包坯

　高筋面粉……190g

　低筋面粉……40g

　绵白糖……25g

　盐……4g

　干酵母……4g

　牛奶……155mL

　无盐黄油……35g

肉桂糖

　肉桂粉……1/2 小勺

　细砂糖……1 大勺

糖霜

　酸奶油……20g

　糖粉……30g

　牛奶……1 小勺

事前准备

● 把黄油放在室温下回温。

● 在模具和盖子上涂抹薄薄的一层色拉油（另备）。

● 把烤箱预热至170℃。

制作方法

1 参照基础面包坯的制作方法（p.67）的第 1 ～ 4 步制作面团。

2 制作肉卷。把面团取出，放在案台上，分成两等份，分别延展成边长25cm×18cm的方形。表面用刷子刷上一层薄薄的水。(a)

3 把肉桂粉和细砂糖混合成肉桂糖，撒在整个面团表面。(b)

4 从边长 18cm 的一侧开始卷。(c)

5 卷好后，把开口一侧封紧。(d)

6 把卷好的面团切分成4等份。另一个面团也做成同样的形状。(e)

7 把断面朝上放入模具内，松松地盖上一层保鲜膜。(f)

8 打开烤箱的发酵功能，把温度设置在40℃，放入面团发酵40分钟（发酵至面团膨胀至模具的九成高）。

9 烤制。盖上盖子，放入预热至170℃的烤箱内烘烤22~23分钟。烤制完成后，立刻脱模，取出晾凉。

10 制作糖霜。把酸奶油和糖粉倒入碗中，水平轻轻搅拌搅匀，加入牛奶后充分混合，使奶油融入牛奶。

11 装饰。把步骤 10 制成的糖霜浇在步骤 9 烤好的面包上作为装饰。

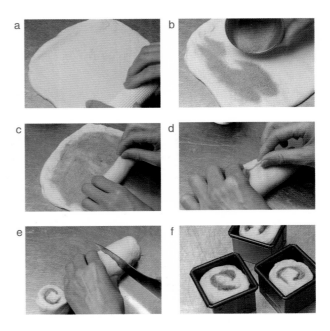

模具：边长5cm的立方体模具

成品数量：12个

外表松脆，内部柔软

红豆面包

原料

基础面包坯（p.67）……用量相同

红豆馅……240g

※ 可以选择喜欢的类型，有颗粒或无颗粒的
都可以。如果豆沙馅过稀，可以放入锅中加
热，煮得浓稠一些，冷却后使用。

罂粟籽（白）……适量

事前准备

● 把黄油放在室温下回温。

● 在模具和盖子上涂上薄薄的一层色拉油
（另备）。

● 把烤箱预热至170℃。

● 把豆沙馅分成每份20克。

制作方法

1. 参照基础面包坯的制作方法（p.67）的第 1 ~ 6 步制作面团。

2. 用擀面杖把步骤 1 的面团擀成直径约8cm的圆形（中间较厚），放上豆沙馅并包住。

3. 用力捏紧封口，把封口朝下放入模具中，松松地盖上一层保鲜膜。

4. 打开烤箱的发酵功能，把温度设置在40℃，放入面团发酵40~50分钟（发酵至面团膨胀至模具的九成高）。

5. 手指沾上水，把罂粟籽粘在面包的表面。

6. 烤制。盖上盖子，放入预热至170℃的烤箱内烘烤25分钟。烤制完成后，立刻脱模，取出晾凉。

成品数量：1个

造型可爱，浇上蜂蜜让早餐也甜蜜

蜂蜜肉桂吐司

原料

- 鲜奶油……50mL
- 细砂糖……1/2 小勺

吐司面包……1 个（500g）

※ 不要选已经切片的吐司面包。

无盐黄油……适量

肉桂糖（p.71）……适量

蜂蜜……适量

喜欢的水果……适量

薄荷叶……适量

事前准备

- 把黄油放入耐热容器，用微波炉加热 10~20 秒，使之化开。
- 把烤箱预热至 200℃。

制作方法

1. 在鲜奶油中加入细砂糖，打发至八分，冷藏备用。

2. 挖空吐司面包。把吐司面包没有边的一面朝上放置。在距离四边 5mm 到 1cm 的位置插入刀，切至底部，保持刀与面包边缘的距离不变，上下移动，切割一圈。（a）

3. 在带有面包边的一面，距底部 1cm、侧面 1cm 左右的地方插入刀，保持这个距离，横向切割，切至距离另一端 1cm 的地方把刀拔出。（b）

4. 用手从上方小心地取出中间的面包。（c）

5. 切分挖出的面包。如果面包是一人份的小吐司，那么画"十"字切分成 4 等份。如果是普通大小的吐司，则先切成 9 等份的长条，再切成小的立方体形状。

6. 烤制。把化开的黄油涂抹在挖出的面包块和用作容器的吐司外壳的整体上，放入预热至 200℃的烤箱中烘烤 10 分钟左右，烤至外皮酥脆。（用作容器的吐司较高，注意避免烤焦）

7. 在烤好的吐司外壳中撒上适量的肉桂糖，把挖出的面包块放回吐司外壳中，淋上蜂蜜，在旁边放上步骤1中打发好的奶油、喜欢的水果和薄荷叶，还可以配上香草冰激凌。

a 　b 　c

模具：边长7.5cm的立方体模具
成品数量：4个

既有巧克力的香甜，又有核桃的香气的可可面包

巧克力豆核桃面包

原料

面包坯

A
┌ 高筋面粉……200g
│ 低筋面粉……40g
│ 可可粉……8g
│ 绵白糖……24g
│ 盐……4g
└ 干酵母……5g

牛奶……164mL

无盐黄油……40g

巧克力豆……30g

核桃仁……16g

事前准备

● 把黄油放在室温下回温。

● 烘烤核桃仁，切成小块。

● 把巧克力豆和核桃仁混合在一起，分成 4
  等份。

● 在模具和盖子上涂抹上薄薄的一层色拉油
  （另备）。

● 把烤箱预热至 170℃。

制作方法

1 制作面团。把 A 料放入食物料理机搅拌。待整体混合在一起时，
  倒入牛奶搅拌成一个面团。

2 把黄油捏碎放入面团，再次搅拌，使整体质地均一。搅拌至面
  团和黄油融为一体，把面团从料理机中取出，揉成球形，放入
  碗中，用保鲜膜盖住。

3 打开烤箱的发酵功能，把温度设定在 40℃，放入面团发酵 40
  分钟。

4 取出面团放在案台上，分成 4 等份。用擀面杖擀成圆形，放上
  巧克力豆和核桃仁，然后包裹起来揉成一个球体，用力捏紧封口。

5 盖上保鲜膜，醒 10 分钟。

6 再次把面团揉成球，使之成形。（a）

7 把封口朝下放入模具中，在上面松松地覆盖一层保鲜膜。（b）

8 打开烤箱的发酵功能，把温度设定在 40℃，让面团发酵 40~50
  分钟（面团膨胀至模具的九成高）。

9 烤制。盖上盖子，放入预热至 170℃的烤箱内烘烤 25 分钟。烤
  制完成后立刻取出，放置晾凉。

模具：边长7.5cm的立方体模具

成品数量：4个